动物世界之最

dong wu shi jie zhi zui

涂 欣 编著

中国林业出版社

图书在版编目（CIP）数据

动物世界之最 / 涂欣编著．-- 北京 ：中国林业出版社，2014.10（2019.7 重印）
ISBN 978-7-5038-7056-9

Ⅰ．①动… Ⅱ．①涂… Ⅲ．①动物－青年读物②动物－少年读物 Ⅳ．① Q95-49

中国版本图书馆 CIP 数据核字（2013）第 104478 号

顾问：赵启鸿

插图：刘静娜

出　版　中国林业出版社（100009 北京西城区刘海胡同 7 号）
E-mail：36132881@qq.com
电话：(010)83143545

发　行　中国林业出版社
营销电话：(010)83143522　83143594

印　刷　固安县京平诚乾印刷有限公司

版　次　2014 年 10 月第 1 版

印　次　2019 年 7 月第 2 次

开　本　190mm × 210mm　1/24

印　张　5.25

定　价　36.00 元

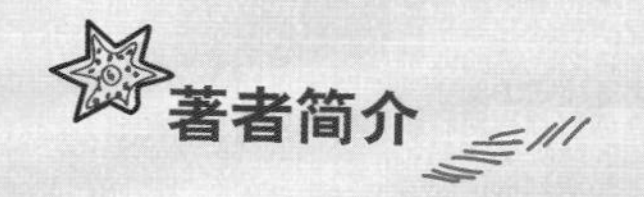

著者简介

涂欣，女，1986年生。中国野生动物保护协会会员。从小热爱大自然，多次参与生态保护的相关研究和宣传活动。大学毕业后担任某文化公司副总经理，工作期间坚持参与自然保护工作，现为国内多个国家级自然保护区志愿者。最大的爱好是写作、摄影和绘画。

著者的话

人类是世界上最高等的动物，人类往往只关注自己，其实，在我们的身边还有另一类朋友，那就是各式各样的动物，通常人们只考量它的经济价值，总是一味地想去征服它、利用它、占有它，却忽略了其实它和我们人类一样也拥有自己的梦想、追求、品性和忠诚。

我从小喜爱动物，一直想读懂它们，为此，我在学习收集大量关于动物世界的相关资料中选定了60个最具代表性的物种，它们或翱击长空或飞跃千里或无比奇异各有特色，各有特长，堪称动物王国之最，目的就是想通过它们的习性、分布及特点来窥视动物世界的空间，但愿这本书能给读者带来愉悦、增添营养、启迪智慧。由于本人学识有限，书中如有纰漏之处，敬请读者批评指正。

目录

世界上最长寿的哺乳动物：大象

外形特征：大象有一根特别长的鼻子，当它摄取食物、饮水、搬运物品的时候都是通过鼻子来完成的，它的鼻子可以用来做任何它想做的事。大象还有一对非常大的耳朵，这对耳朵就像是两把调节体温的大蒲扇，在炎热的夏季，它便会不停地扇动两只大耳朵，来给自己散热降温。大象还有四条粗壮的腿，看起来就像四根大柱子，但是它的腿不能自由弯曲，所以可怜的大象一生几乎都是站立着生活的。

主要分布：目前世界上只有两种象：亚洲象和非洲象。亚洲象主要分布在印度、泰国、马来西亚、巴基斯坦、缅甸、越南、斯里兰卡和我国的云南省。非洲象分布在非洲各地的丛林以及丘陵地带。

主要特点：生活在热带的大象，它们并不喜欢在烈日下暴晒，所以它们白天会躲在比较阴凉的地方活动，而到了傍晚或清晨的时候再出来寻找食物，它们的食物主要是各种野生植物的枝叶和果实。大象从来都不会孤单，它们会组建自己的家庭，有的是三五成群，有的甚至是几十只的大群体，它们之间相互帮助，和睦相处。

大象群落里的领导者通常都是成年雌象，领导者指挥安排整个群体的日常活动，以及承担保卫群体的重要责任，如果领导者死亡，群体成员便会在很短的时间里选出一个新的领导者，继续统一指挥群体的行动。大象最大的特点不是身体大，而是寿命长，据记载，哥拉帕格斯群岛的长寿象能活 180 ~ 200 岁，是世界上最长寿的哺乳动物。

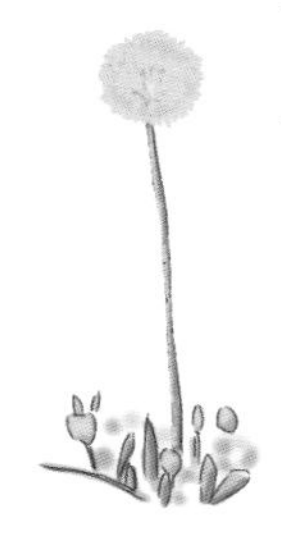

世界上最危险的动物：蚊子

外形特征：蚊子的种类不同，大小也就不一样，不过大部分都小于15毫米，它有六条又细又长的腿，而且每条腿上都长有细小的刚毛，因此当蚊子的腿与墙面发生摩擦，它便可以吸附在墙面。不为人知的是，蚊子居然有22颗牙齿，它们就是利用牙齿先刺破人类的皮肤，再插入口器进行吸血的。

主要分布：蚊子分布范围较广，除南极洲以外的世界各地都有蚊子分布。

主要特点：蚊子也有雌雄之分，雌蚊触角上的毛又少又短，而雄蚊的又密又长，所以仔细观察的话就能分辨出雌雄，而且只有雌蚊才会吸血，雄蚊是不吸血的，雄蚊只吸食花蜜和植物的汁液。雌蚊之所以要吸血是因为它必须吸够足够的血液，它的卵巢才能发育，才可以繁衍后代，雌蚊每晚要吸食三到四次血，而且每次都可以吸食超过自己体重的血液。

蚊子对汗液似乎很敏感，如果你是一个不爱洗澡而且经常出汗的人，那一定会成为蚊子的目标了，被蚊子叮咬后，会有痛痒感，并且有些蚊子携带病源，会传播疾病，蚊子可以传播的疾病有80多种。当一个人同时被1万只蚊子叮咬的时候，它们甚至可以把人体的血液全部吸完，因此，在地球上再没有哪种动物比蚊子对人类的危害更大了，蚊子被称为世界上最危险的动物。

世界上跑得最快的动物：猎豹

外形特征：猎豹的头又小又圆，在它两只眼睛的内侧，各有一条黑色细纹从眼角处一直延伸到嘴边上，这两条黑纹有利于吸收阳光，从而使猎豹的视野更加开阔。猎豹全身都有黑色的斑点，它背部的颜色是淡黄色，腹部的颜色相对要浅一些。猎豹的身材比较瘦削，四肢也非常修长，还有一条长长的尾巴。

主要分布：猎豹主要分布在非洲。

主要特点：猎豹过着独来独往的生活，一般栖息在有丛林或疏林的干燥地区，猎豹的生活非常有规律，几乎每天早晨五点钟左右便出去寻找食物，它比较喜欢走走停停，一方面可以看看有没有猎物，另一方面也可以防止其他猛兽对它的袭击。在午休的时候，它几乎每隔几分钟就会起来观望一下周围的环境，警觉性十分强。猎豹主要捕食中小型有蹄类动物，如羚羊。

猎豹的时速最高可达到 110 公里，但是它的耐力有限，当它时速达到 110 公里的时候，它的呼吸系统和循环系统都在超负荷运转，所以当它一鼓作气跑了几百米之后仍然没有追逐到猎物的话，它便会选择放弃，不然的话，猎豹会因为体温过热而虚脱，甚至死亡，所以猎豹是名副其实的短跑冠军。

世界上除人类外最聪明的动物：黑猩猩

外形特征：黑猩猩是现存与人类血缘最近的高级灵长类动物，它的脸部是灰褐色，耳朵大大的，眉骨比人类高，眼睛较为深陷，头上的毛发向后生长，没有尾巴，身上体毛的颜色又黑又短。它可以像人类一样自己用手拿放东西，并且可以用半直立的方式行走。

主要分布：黑猩猩主要分布在非洲中部。

主要特点：黑猩猩的生活向来热热闹闹的，它们热爱集体生活，喜欢栖息于热带雨林中，每个群落都是由一只成年雄性来统领，群落成员一般少到 3 ~ 4 只，多到 80 只，每只成员都会听从统领者的安排。黑猩猩的食量很大，每天要花上百分之五十的时间来寻找食物，最爱吃的是以香蕉为主的水果以及树叶和白蚁等。

黑猩猩是与人类最相似的高等动物，它会把捡来的草叶捅进白蚁穴内，等白蚁慢慢爬满草叶后再抽出来，然后赶紧抿进嘴里吃掉。并且黑猩猩像人类一样有感情，而且它的面部肌肉发达，能做出喜怒哀乐的表情，当两只很久没见的黑猩猩相遇，它们会大声喊叫，相互拥抱亲吻。不仅如此，它还能辨别不同颜色和发出多种不同含义的叫声，也能使用简单工具，黑猩猩的智商相当于人类五到七岁的儿童，是已知仅次于人类的最聪明的动物。

世界上足最多的动物：马陆（千足虫）

外形特征：马陆长度大约有 35 厘米，身体颜色一般都是黑色，表面看上去非常光滑发亮，有的种类还有红颜色的横条纹布满整个身体。马陆之所以又叫千足虫，是因为它的足惊人的多，一般种类的马陆大概也有 200 多对足。

主要分布：在世界上任何阴暗潮湿的地方都不难看到马陆的踪迹。

主要特点：马陆喜欢成群地在一起活动，一般都在阴暗潮湿的地方栖息，如果你想找到它，可以去草坪里、土缝里、枯枝落叶堆里或者石块下面试试，不过，必须得是在晚上，因为在白天它们都躲起来休息了，只有到了晚上，马陆才精神百倍地开始寻找自己的美食。对于它们来说，落叶和一些植物残体就算是美味佳肴了，但是也有一些群体，会去吃植物的幼芽嫩根。

马陆的警觉性比较高，如果你触碰到马陆，即便是轻轻地触碰了一下，它的身体也会立刻蜷缩起来，并且一动也不动，看起来就像是已经死亡的样子，等过一会儿，当它觉得危险警报已经消除，才会缓缓伸展开来继续自己的活动。在自然界，几乎每个动物都有保护自己的一种能力，马陆也不例外，它身上有臭腺，能分泌一种有毒的臭液，气味相当难闻，因此，家禽和鸟类都不会去啄它。人类最好也不要轻易去触碰它，虽然它不会咬人，但是如果摆弄它的时候，它也会分泌出引起局部刺激的毒素，对人体有较大危害。马陆以足多著名，在北美洲巴拿马山谷里有一种马陆总共有 690 只足，它被称为世界上足最多的动物。

世界上最大的两栖动物：娃娃鱼（大鲵）

外形特征：娃娃鱼身体的颜色是随不同的环境而变化的，一般都是灰褐色，但是腹部的颜色相对要浅，身上有各种不规则的斑纹，因为表面没有鳞片，所以看上去非常光滑，整个身体布满黏液；娃娃鱼的头部扁扁的，眼睛没有眼睑，嘴巴比较大；身体的前面部分是扁平形状，一直到尾巴部分慢慢变成了侧扁形状。

主要分布：娃娃鱼主要产于长江、黄河及珠江中上游支流的山涧溪流中。

主要特点：娃娃鱼属于生性凶猛的肉食性动物，一般水里游的鱼、虾、蟹，地上跑的老鼠、青蛙、蛇，连天上飞的小鸟都是它垂涎的美食。不过，娃娃鱼并不善于追捕猎物，一般情况下，它会隐蔽在河边上的石堆间，守株待兔般地等待猎物出现，只要发现猎物经过，它便会迅速袭击。娃娃鱼的牙齿又尖又密实，但是却不能咀嚼食物，所以它会将猎物活吞下去，使其在胃里慢慢消化。

娃娃鱼偶尔会暴饮暴食，饱饱地吃上一顿不仅可以增加体重五分之一的重量，还可以两三年不吃东西也不会饿死。娃娃鱼同类中也会出现自相残杀的现象，当它们的食物非常紧缺的时候，甚至会以吃同类的卵充饥。娃娃鱼不是鱼，而是产于中国的世界上最大的两栖动物，因为它能像鱼一样生活在水中，叫声又极似婴儿的哭声，所以称它娃娃鱼，其实，它的真名叫做大鲵。

世界上最重的动物：蓝鲸

外形特征：蓝鲸的身体非常瘦长，看上去就像被人拉长的样子，这是它与其他鲸类的不同之处。它的头部是个半圆形并且非常扁平，身体表面是淡蓝色的，背部还布满了淡色的花纹，有的胸部还有白色的斑点。蓝鲸的尾巴又大又宽，再加上整个身体呈流线型，放眼望去，就像是一把剃须刀，所以人们就给了它一个“剃刀鲸”的称号。

主要分布：蓝鲸主要生活在世界的两极地区，尤其是在南极的数量最多。

主要特点：蓝鲸最爱吃的食物就是鳞虾，它每天需要吃掉 24 吨的鳞虾，不然就会浑身上下不舒服，饿得发慌，因为极其受不了饥饿的感觉，所以鳞虾生活在哪，蓝鲸自然尾随生活，在地球的南北两极地区是鳞虾的主要聚集地，所以那儿也成了蓝鲸的人间天堂。蓝鲸的肺可以容纳大约 1000 升的空气，呼吸的频率降低很多，每隔 15 分钟浮出水面呼吸一次就足够了

蓝鲸有一个非常大的头，光它的舌头就有 4 吨重，而且当它张开嘴巴伸出舌头，你会发现，舌头上至少可以容纳 50 个人。如果要运送一头蓝鲸，没有 5 节车厢的话，那便成了不可能完成的任务。即便是刚出生的蓝鲸幼崽也比一头成年大象还要重，再加上在蓝鲸妈妈的抚育下，它以每天增长 90 公斤的速度飞速长大，直到长到 150 吨才放慢脚步。它甚至比地球上曾经生活的最大的恐龙还要大，是目前人们知道的世界上最重的动物了。

世界上最短命的动物：蜉蝣

外形特征：蜉蝣成虫的体型较小，看上去又细又长，身体表面软绵绵的，雄性的复眼比雌性的要大，而且间隔距离也较宽一点，它身体的颜色一般都是白色或者淡黄色，并且还有一到两对翅膀，一般都是前面的翅膀比后面的翅膀大。

主要分布：蜉蝣喜欢温暖的气候，所以它会选择在热带或者温带的大部分地区生活。

主要特点：当蜉蝣刚来到这个世界的时候就生活在水里，在水里的生活至少是一个月到一年，甚至更久，期间它要不断蜕皮，当它成功蜕皮 20 ～ 24 次的时候，两边就会长出一到两对黑色的翅芽，而且为了适应水中的生活，蜉蝣的两侧或者背部都长有成对的气管腮，这个时期的蜉蝣主要吃高等水生植物和藻类。在水里的它们也会经常活动，偶尔会在底泥中钻进钻出，偶尔也会吸附在石头上休息。当蜉蝣成长到了一定的阶段，它会浮上水面或者爬到水边吸附在石块上，直到羽化成亚成虫。亚成虫的翅膀会比以前稍大，但身体的颜色却暗淡无光，出水后它会飞到水域附近的植物上，等待蜕变成成虫，一般这个过程 24 小时就可以实现。成虫寿命非常短，通常只能活几小时，最多一天就会死去，所以有“朝生暮死”的说法，是目前已知的寿命最短的动物。

世界上最大的猛禽：康多兀鹫（安第斯兀鹫）

外形特征：康多兀鹫的头顶部位长着一个高高的大肉冠，看上去就像是一顶为它量身定做的礼帽，它的脖子和头部没有羽毛，看上去光秃秃的。它的身体高度大约有 1.3 米，两只翅膀展开的宽度大约是 3 米。

主要分布：康多兀鹫生活在南美洲较偏僻的安第斯山脉的高峰上，也经常出没于秘鲁的海岸。

主要特点：康多兀鹫的身体在鸟类中可以说属于庞然大物型，它的视力也非常敏锐，照理说应该是个捕猎好手，但是不幸的是它那对爪子又短又不好使，不能得心应手地抓握食物，所以这种猛禽只能靠吃动物尸体为食，偶尔才袭击活的动物。这样的食物爱好对人类而言是再好不过了，因为这样既可以有效地拦截病源的传播，又可以把吃下去的动物尸体转化成有机肥料，有助于生态平衡。康多兀鹫又叫安第斯兀鹫，是一种猛禽，体型又是鸟类中的佼佼者，因而是世界上最大的猛禽。

世界上最能睡的动物：睡鼠

外形特征：睡鼠和松鼠的样子很相似，体型小巧，四肢短短的，身上的毛又厚又密，身体背部的颜色一般是棕褐色，腹面的颜色要浅淡一点。它的尾巴长长的，尾巴的下面还长着茸茸的长毛。较为独特的是，它们是没有盲肠的动物。

主要分布：睡鼠主要分布在欧洲、亚洲大陆及非洲撒哈拉的南部。

主要特点：睡鼠小巧灵活，当它遇到敌人侵害的时候能够立即上树，它可以在树枝上任意狂奔，还会利用树洞筑巢安家。睡鼠喜欢在暗处活动，所以只在夜间和晨昏的时候出来。它主要是以植物果实、种子以及昆虫等为食。

睡鼠以爱睡觉闻名，一年中大约有 9 个月时间睡鼠都处于冬眠状态，是世界上冬眠时间最长的动物。在进入冬眠期之前，它会尽量多吃，吃得越多越好，这样才能为冬眠期储藏更多的脂肪，不会被冻死。在冬眠的时候，睡鼠的呼吸几乎处于停止状态，身体也会缩成一团，即使推它也不会醒，由于睡得很深，它也通常会在冬眠时期遭到敌人的侵害。不过即使不是在冬眠期，它们也是天天呼呼大睡，直到夜间才出来到处活动。

世界上跳得最高的动物：沫蝉

外形特征：沫蝉是一种身长只有6毫米的小昆虫，有些甚至还不到5毫米，它们的颜色都很贴近叶子的颜色， 所以通常不容易被发现。它最常做的一件事就是不断地分泌一种像泡沫一样的东西，这种东西既可以保护沫蝉不会因为干燥而死，又可以将沫蝉隐藏起来不受到敌人的侵害。

主要分布：沫蝉的栖息地十分广泛，遍布全球各地。

主要特点：沫蝉喜欢啃食草根，所以它一般都会待在石缝中或田埂边的土壤中。夏天过后，沫蝉开始蜕皮，随着天气慢慢转凉，沫蝉蜕皮的速度也会放慢，在这段时间里，沫蝉仍然会不断地吐白色泡沫，直到全身被包裹住，但是不幸的是，这一过程完成之后，很多沫蝉都会被自己包裹全身的泡沫困死。沫蝉之所以弹跳性那么好，是因为它的后腿就像一个弹弓，可以在瞬间释放出它所有的能量，最多可以跳跃到70厘米的高处，这相当于人类跳200米那么高。相对于自身长度而言，沫蝉是世界上跳得最高的动物。

世界上嗓门最大的动物：吼猴

外形特征：吼猴的身体长度不到 1 米，而它的尾巴却比身体还长。身上的毛发又浓又密，颜色一般都是褐红色的，但是有趣的是，它的颜色会随着太阳光线的强弱发生变化，变幻出从金色到紫红等各种色彩。

主要分布：吼猴主要生活在拉丁美洲丛林中。

主要特点：吼猴一天大部分的时间都呆在树上，很少在地面活动，即便是口渴的时候，也只会就近找点潮湿的树枝来解渴。它是个贪吃的家伙，每次进食都需要花上三四个小时，吼猴找东西吃的时候，很少用手，一般都是先把它那长长的尾巴缠绕在树上，直接用嘴巴去啃食树叶或者果实的。

吼猴在自己的领域里过着群居生活，它们之间的相处非常融洽，一般情况下，吼猴之间是不会有打斗现象的，但是如果有不速之客闯进它们的领地，它们会齐心协力用自己独特的方式驱赶入侵者来捍卫领地，吼猴的大嗓门可以发出异常巨大的吼声，足以吓跑侵犯者。因为吼猴的舌骨特别大，能够形成一种特殊的回音器，如果十几只吼猴同时吼叫的话，这声音在 1500 米以外都能清楚地听到，所以吼猴是世界上嗓门最大的动物。

世界上游得最快的鱼：旗鱼

外形特征：旗鱼的眼睛较小，并且两眼间隔的距离较大。它全身的颜色为深蓝色，腹部颜色为银白色，背鳍是亮蓝色还布满斑点。旗鱼的嘴巴又尖又长，远远看上去像把长剑。它的整个体型较为细长，当它们竖展的时候，仿佛就像是船上扬起的是一面旗帜，所以人们称它为旗鱼。

主要分布：旗鱼分布在印度尼西亚至太平洋中部各个岛屿，北至日本南部，中国产于南海诸岛、台湾海域、广东、福建、浙江、江苏、山东等沿海地区。

主要特点：旗鱼属于肉食性鱼类，只要看到小鱼和乌贼类的软体动物就绝对不会放过。旗鱼游泳的时候，为了减少阻力它会放下背鳍，再用尖长的嘴巴将水向两旁分开，并且不断摆动尾柄尾鳍，加上它流线形的身躯以及发达的肌肉，使得它游泳速度非常快，短距离的时速可以达到 110 千米，是世界上游得最快的鱼。不仅这样，旗鱼还可以潜入 800 米深的水里面呢。

世界上最会潜水的动物：抹香鲸

外形特征：抹香鲸看上去就像个放大版的蝌蚪，因为它头部大，尾巴细。它身体的背面为暗黑色，腹面是银灰色，它的上颌方方厚厚的，下颌却又薄又细，看上去极不相称，它的头部大概占了整个体长的四分之一。它的鼻子十分独特，左鼻孔是畅通可以呼吸的，右鼻孔与肺相通，却是阻塞的。

主要分布：抹香鲸主要活动在热带和温带海域，通常在南北纬 40 度之间，在中国的黄海、东海、南海和台湾海域也有存在。

主要特点：抹香鲸喜欢结群活动，小到 5 ～ 10 头为一群，大到几百头为一群。抹香鲸对同伴十分友好，但是对敌人来说，它却十分凶猛，只要被它咬住的话就很难逃脱掉。尤其是大王乌贼被它碰到的话，那便是一场生死决斗了，抹香鲸会耐心地与它从深海一直打到浅海，直到打败大王乌贼为止。抹香鲸虽然有锋利的牙齿，但是不完全靠牙齿咀嚼食物，在它胃中的大部分食物如大型乌贼、章鱼以及一些鱼类都没有被牙齿咬啮过的痕迹，甚至有人曾在它的肚子里度过了一天一夜却没死，这都可以说明抹香鲸是吞食食物的。抹香鲸一般栖于深海，它可以屏气潜水长达 1.5 小时，并且可以潜到 2200 米的深海，是世界上潜水潜得最深的动物。

世界上现存最高的陆生动物：长颈鹿

外形特征：长颈鹿头顶上长着一对角，这对角被绒毛包裹，并且终生不会脱落。它的眼睛又大又凸出，有助于眺望远方。长颈鹿全身布满棕黄色网状斑纹，它的脖子和腿非常长，所以站得高看得远，很容易观察到远距离的情况，一旦发现有危险，便会立马逃跑。

主要分布：长颈鹿主要生活在非洲热带、亚热带广阔的草原上。

主要特点：长颈鹿喜欢群居，一般 10 多只生活在一起。它通常是在晨昏时间去寻找食物，主要是吃各种树叶，并且在树叶水分充足的情况下可以一年都不用喝水。

长颈鹿是非常胆小的动物，平常走路的时候非常悠闲，但当遇到敌人的时候，便会立即逃跑，而且奔跑起来的速度十分迅速。长颈鹿通常都是站着睡觉，因为它个子太高，如果它躺下来睡觉的话，一旦遇到敌人的袭击，地上站起来的时间都要整整一分钟那么久，大大降低了它的逃生能力。

长颈鹿雄性个体高大约有 6 米，是世界上现存最高的陆生动物。

世界上尚存的最原始的哺乳动物：**鸭嘴兽**

外形特征：鸭嘴兽身上的毛都是褐色的，摸起来非常柔软。它的脑袋小小的，嘴巴非常扁平，看起来跟鸭子的嘴巴差不多，它没有牙齿，但是嘴巴里面有很宽的角质牙龈。鸭嘴兽的四肢短短的，尾巴却很大，几乎占了整个身体的四分之一。它的脚也跟鸭子差不多，每个趾间都有蹼相连。

主要分布：鸭嘴兽只有在澳大利亚才有发现。

主要特点：鸭嘴兽主要生活在河岸边，它一生的大部分时间都在水里，因为它的皮毛里面含有大量的油脂，所以即使在比较寒冷的水里也不会感到冷，仍然可以活动自如。鸭嘴兽最爱吃的就是小鱼小虾了，当它在水底下的时候都是闭着眼睛的，所以寻找食物都是靠它触觉非常敏感的嘴巴来完成的。雄性鸭嘴兽的后足上都有一根大约15毫米长的小刺，刺里面有毒汁，虽然对人体不会造成生命的威胁，但是一旦被刺伤，马上就会引起剧痛，最少也要数月时间才能完全恢复，对于一般动物而言的话，丧命就在所难免了；而雌性鸭嘴兽仅仅在出生的时候有剧毒，等它长到30厘米的时候毒性也就消失了。鸭嘴兽早在2500万年前就已经出现，是世界上尚存的最原始的哺乳动物。

世界上最能保暖的动物：北极熊

外形特征：北极熊是个大块头，如果它站起来的话，最高可以有 3 米多，几乎可以平视大象。它的头部又长又小，耳朵圆圆的，脖子又细又长的，而它的足部却很宽大。

主要分布：北极熊栖居于北极附近海岸或岛屿地带。

主要特点：北极熊喜欢单独生活，而且生活居无定所，通常它会随浮冰漂泊，漂到哪里是哪里。北极熊动作快速敏捷，游泳和潜水都是它的强项，但它是个脾气暴躁并且凶猛的家伙，如果海豹、鱼、鸟等被它撞到，那它们一定会成为北极熊的美味佳肴。它在捕杀海豹的时候表现出了惊人的耐力，它会先在冰面上找到海豹的呼吸孔，然后默默地躲在一边等候，有时候长达好几个小时，等到海豹浮上水面，北极熊便会迅速扑过去，然后用尖利的爪子将海豹拖上岸，享受属于它的美食。

北极熊的皮毛与冰雪同色，便于伪装保护自己，并且还是世界上最保暖的动物皮毛。

世界上嘴巴最大的陆生哺乳动物：河马

外形特征：河马的皮相当厚，但是看起来很光滑，体表颜色是黑褐色，河马的整个身体非常肥大，头也大，嘴巴非常宽，耳朵相对来说就很小了，四肢也是非常短，它的足有四趾，有小面积的蹼连接。

主要分布：河马分布于热带非洲的河流和湖沼地带。

主要特点：河马一般都是结伴生活，因为很怕冷，所以喜欢栖居在温暖的地方，但是它们居无定所，不会长期生活在一个地方，一般每隔一段时间就会集体搬迁到一个新的地方生活。河马的皮肤很奇特，只要长时间离开水面便会干裂，所以它们从出生到死去的大部分时间都在水中活动。河马一般是以吃草为主，它的食量大得惊人，最多一天可以吃掉 60 千克的草。它们虽然样子十分凶猛，但是性情却很温和，河马从不会主动攻击其他动物，但是一旦被攻击也会变得非常暴躁。河马以嘴巴大出名，一次就可以吞下 10 千克左右食物，是世界上嘴巴最大的陆生哺乳动物。

世界上最早的鸟：始祖鸟

生活时期：始祖鸟生活于约一亿五千五百万年到一亿五千万年前晚侏罗纪时期。

分布地区：始祖鸟化石分布在德国南部。

外形特征：根据推测，始祖鸟头部和一般的鸟的结构一样，有牙齿，而且也有爪子和翅膀，它的尾巴很长，身上的羽毛也和鸟类很相似，但是由多数尾椎骨构成，除身上有鸟类的羽毛外，跟爬行动物相似。始祖鸟属于肉食性动物。

研究推断：目前仅仅只发现了为数不多的10件标本，其中一个标本里，脚部保存得较为完整，从脚部能够清晰地发现它的第二只趾上面的第一关节非常膨大，因此可以推断，始祖鸟可能无法上树，所以它应该只能在地面上行走生活，但是另一方面，它在一些骨骼形态上又表现出一些类似鸟类的特征，因此人们又推测，鸟类很可能是由爬行类动物进化而来的。

世界上嘴巴最大的鸟：巨嘴鸟

外形特征：巨嘴鸟的嘴巴非常漂亮，上半部是黄色，下半部是蓝色，嘴巴尖尖处还点缀着一点红色，它眼睛周围是天蓝色的羽毛，背部的颜色是黑色，胸腹部是黄色的。

主要分布：巨嘴鸟主要生活在南美洲热带森林中。

主要特点：巨嘴鸟主要是以果实、种子、昆虫等为食，巨嘴鸟经常会去寻找鸟巢，然后将其洗劫一空，它那颜色艳丽的巨大嘴巴常常会使被打劫的小鸟一动都不敢动，只会躲在一旁任由它对鸟蛋的洗劫，更不要说发起攻击了，只有在巨嘴鸟起飞后，愤怒的小鸟才敢对着它发出怒吼，但只要巨嘴鸟一回头，小鸟又躲在一旁了，根本不敢与它搏斗。巨嘴鸟嘴巴巨大，长度达到 24 厘米，被评为世界上嘴巴最大的鸟。

世界上形体最小的鸟：蜂鸟

外形特征：蜂鸟的羽毛一般为蓝色或绿色，也有的为紫色、红色或黄色，身体下半部分颜色相对较淡，雌鸟的羽毛相对较暗淡。它的嘴巴看上去就像是一根细小的针，而舌头就更像是一根线了。

主要分布：蜂鸟分布在新大陆最炎热的地区，主要在南美洲。

主要特点：不要看蜂鸟的大脑只有一粒米那么大，在它们寻找食物的时候，却表现出了惊人的记忆力，它会记得什么时候什么地方有食物可以摄取。它喜欢花朵，尤其偏爱红色，蜂鸟和蜜蜂一样主要采食植物的花蜜，是重要的传粉者。蜂鸟的身体很小，能够通过快速拍打翅膀悬停在空中，蜂鸟还是唯一可以向后飞行的鸟，并且它还可以向左和向右飞。蜂鸟长约 5.5 厘米，重约 2 克，是世界上已知最小的鸟类。

世界上最大的鸟：鸵鸟

外形特征：鸵鸟的头比较小，脖子比较长而且非常灵活，它的眼睛很大，嘴巴短短直直的。它全身的毛都是暗褐色，只有翼端及尾羽末端之羽毛为白色。头颈部和腿部都是裸露的，看上去是淡淡的粉红色。鸵鸟的后肢特别粗大，只有两趾，是鸟类中趾数最少的。

主要分布：鸵鸟广泛地分布在非洲低降雨量的干燥地区。

主要特点：鸵鸟一般都是集结成 5 ～ 50 只生活在沙漠中，主要吃植物和一些昆虫等，它们虽然有翅膀，却没有飞翔的能力，但是非常善于奔跑，奔跑的时候它们以煽动翅膀助力，它的一步就可以跨至少 8 米的距离，如果遇到敌人，它一般会立即逃跑，如果来不及逃跑，它就会将脖子平贴在地面上，身体缩成一团，利用自己的羽毛颜色伪装成石头避开敌人。鸵鸟是非洲一种体形巨大、不会飞但奔跑得很快的鸟，是世界上最大的鸟。

世界上牙齿最多的动物：蜗牛

外形特征：蜗牛背上有一个圆锥形的壳，不过不同种类的蜗牛，壳的螺旋方向也不同，有的是朝左边旋转，有的是朝右边旋转。蜗牛的头上还有两对小小的触角，而它的眼睛就长在那一对较长的触角顶端，蜗牛爬起来的速度非常慢，而且足下会分泌黏液，所以被它走过的地方都会留下痕迹。

主要分布：蜗牛广泛分布在世界各地。

主要特点：蜗牛对环境的反应相当敏感，它讨厌阳光直射，喜欢阴暗潮湿的地方，所以通常都是白天睡觉，到了晚上才出来活动，它虽然喜欢潮湿的地方但是又害怕水太多，因为它不会游泳，水太多可能会淹死。蜗牛是个靠自己成长的动物，当小蜗牛被孵出来后，完全不需要蜗牛妈妈的照顾，它自己就会爬动去取食，蜗牛在遇到敌人侵害的时候，头和足会立刻缩回壳里面，然后分泌出黏液将壳口封住，蜗牛的壳并不坚实，常常被损坏，这个时候它所分泌出来的某些物质能帮助它修复肉体和外壳，只有蜗牛行走过的地方都有一层黏液，这个黏液能帮助它减少摩擦力，即使在刀刃上行走也不会有危险。虽然蜗牛小小的，嘴巴看起来就针尖那么大，但是令人惊讶的是，小小的嘴巴里竟然包含了26000颗牙齿，是世界上牙齿最多的动物。

世界上最大的蜘蛛：捕鸟蛛

外形特征：捕鸟蛛的头上长着八只眼睛。它的嘴巴边上长有一对牙齿，它的牙齿可以转动自如，牙齿下面连接毒腺，而毒液能从牙齿的顶端被分泌出来。它全身都是黑褐色的，还被一层短绒毛包裹着。

主要分布：捕鸟蛛分布地在北回归线以南的热带、亚热带山区和半山区。

主要特点：捕鸟蛛有个独特的本领，它能够在树枝间编织具有很强黏性的网，当有猎物落入网中的时候，它会迅速从附近爬过来用它那有毒的牙齿咬死猎物，然后饱餐一顿。白天的时候它会隐藏在自己织的网的附近的巢穴或者树根间，到了晚上才会出来活动。捕鸟蛛喜欢吃小鸟、青蛙、蜥蜴和昆虫等，它可以一次吃下一整只乳鸽。捕鸟蛛最怕的就是非洲的土著人，因为非洲土著人已是百毒不侵，吃下带有毒性的捕鸟蛛也没一点问题，当他们看到捕鸟蛛便会把它们卷着薄荷叶生吞进去。捕鸟蛛的雌蛛比雄蛛要大，雌蛛体长有 10 厘米，展开可以达到 38 厘米，是世界上最大的蜘蛛。

世界上飞行速度最快的鸟：尖尾雨燕

外形特征： 尖尾雨燕的身子长长的，尾巴尖尖的但是很短，它的头圆的就像一个乒乓球，它身上的羽毛非常浓密，颜色一般以灰色、褐色或者黑色为主，有的尖尾雨燕的喉咙和腹部有白颜色的斑纹。

主要分布： 除两极、智利南部、阿根廷、新西兰未见分布外，尖尾雨燕几乎遍布全球。

主要特点： 尖尾雨燕和一般的燕子不同，一般的燕子的脚趾都是三个在前面一个在后面的，而尖尾雨燕的四个脚趾全部是朝前的，但是足比较短，不善于行走在地面，一般都会结成一群在天空中飞翔。尖尾雨燕是以吃鱼为主，但是它绝不会吃浅海鱼，有时候宁可被饿死，所以，每年总有一些尖尾雨燕因为挑食而死去。尖尾雨燕平常的飞行速度大概是 170 千米／小时，而当它冲刺的一瞬间，最快时速可以达到 350 千米／小时。

世界上飞得最慢的鸟：小丘鹬

外形特征：小丘鹬的眼睛长在头部比较靠后的地方，眼珠是褐色的，耳孔在眼眶的下面。全身的羽毛以淡褐色为主，并有许多黑色的斑纹，腹部颜色为白色，接近尾巴那里的羽毛是黑色的，并带有橘色斑纹。

主要分布：小丘鹬分布于北美洲、欧洲和亚洲大部分地区，在中国东北及新疆维吾尔自治区繁殖，迁徙时各地可见，并为长江以南地区的冬候鸟。

主要特点：小丘鹬喜欢在阴暗潮湿的阔叶林中栖息，它的胆子非常小，白天分散隐藏在密林中，很少出来活动，只有受到惊吓时，才会飞一段很短的距离，便又马上隐藏起来了，到了黄昏的时候它们才慢慢开始活跃起来。它的主要食物是蚯蚓、毛虫、蜗牛和田螺。小丘鹬平时飞行的速度为 8.05 千米／小时，是世界上飞得最慢的鸟。

世界上力气最大的动物：蚂蚁

外形特征：蚂蚁的表面一般都很光滑，只有少数种类有毛，它体表的颜色有的是黑色，有的是褐色，也有的是红色，尽管看蚂蚁体型非常小，但它一共有六条腿。

主要分布：在世界各地，除了南极、北极和终年积雪不化的山峰外，几乎所有的陆地上都有蚂蚁存在。

主要特点：蚂蚁通常生活在干燥的地区或者是潮湿温暖的土壤中，而且如果把它们丢在水里，也能勉强维持两个星期的生命。蚂蚁有一个天性，就是它头顶上的触角在发现甜食的时候会不由自主地硬起来。蚂蚁是群居动物，通常都是一大群的蚂蚁一起活动，它们在行进过程中，会分泌一种信息素，这种信息素会引导后面的蚂蚁走相同的路线，有趣的是，如果我们用手划过蚂蚁的行进队伍，就会干扰了蚂蚁的信息素，蚂蚁就会找不着方向，四处乱爬。蚂蚁的体型虽然很小，但是腿部肌肉相当发达，以至于它可以搬动超过它体重一百倍的东西，是世界上力气最大的动物。

世界上眼睛最多的昆虫：蜻蜓

外形特征：蜻蜓有六只足，每只足上都有细小的尖刺，它的身体部分比较细长，复眼突出，头上那一对触角小得几乎看不见。它有两对翅膀，翅膀是透明的一层薄膜，而且这两对翅膀都是一样长的。

主要分布：蜻蜓在全世界都有分布。

主要特点：蜻蜓成长中最重要的一个媒介就是水，它们会在水中产卵，并且从卵变成正式的蜻蜓之前，都是在水中生活，所以它们一般喜欢在比较潮湿的地区生活，比如水坝和沟渠比较多的地方。蜻蜓通常都是在飞行中捕食飞虫来填饱自己的肚子，它一般主要是吃对人类有害的昆虫。蜻蜓的复眼非常大，整个头部几乎被这两只复眼填满，令人惊讶的是，它的每只复眼里面差不多是由28000只小眼组成，是世界上眼睛最多的昆虫。可能是拥有眼睛非常多的缘故，它的视力特别好，并且可以直接朝上下以及前后看，而根本不需要转头，蜻蜓被称为世界上眼睛最多的昆虫。

世界上最狡猾的动物：狐狸

外形特征 狐狸身体长度大约有70厘米，尾巴比较长，差不多占了身体的三分之一。耳朵大大的，嘴巴尖尖的，四肢比较短。全身一半是棕红色或者褐色，尾巴的底端是白色，而且尾巴的基部有一个小孔，可不要小看这个小孔，狐狸就是靠它来分泌恶臭来保护自己的。

主要分布： 各个种类的狐狸遍布于北美洲、欧洲、亚洲、非洲等地，甚至极地地区。

主要特点： 狐狸行动起来速度非常快，所以在一般情况下，如果只有一只猎犬的话，会很难捕捉到它。狐狸很狡猾，当它看到猎人正在设陷阱的时候，它会悄悄地跟在猎人的后面，直到看到猎人设好陷阱离开之后，它便会到陷阱旁边留下恶臭作为警示，当其他狐狸来到这里闻到这个气味，就晓得绕路而逃了。狐狸有时候连猎人也会捉弄，在山林里，当狐狸遇上猎人，它会马上四处逃窜，当它逃到与猎人有一定距离的时候，它会回头张望一下，等猎人扛起猎枪瞄准的时候，它又会迅速伏下身体，快速地往更远的地方逃跑，当它感觉已经在射击范围之外的时候又会停下来，往后望着猎人，等猎人再次抗抢瞄准的时候，又往前跑，这种事情经常会把猎人拖得筋疲力尽。狐狸常常都是奸诈和狡猾的象征，被称为是世界上最狡猾的动物。

世界上最臭的动物：臭鼬

外形特征： 臭鼬的脑袋小，耳朵和眼睛也都十分小，在它的眼睛中间有一条细长的白纹，臭鼬的四肢较短，前足比后足要短一些，全身都是黑色，但是从它的颈部开始一直到它尾巴的基部，有两条宽阔的白纹。

主要分布： 臭鼬主要生活在加拿大南部、美国以及墨西哥等地方。

生活习性： 臭鼬白天喜欢隐藏在洞中睡觉，到了晚上才出来活动，它的主要食物是昆虫、青蛙和一些鸟类。臭鼬最大的本事是它可以放出一种奇臭无比的液体，并且在3～4米的距离内，它都可以一击即中，绝不会失手。不过这种臭液它们只会在自己遇到威胁的时候才会释放出来，千万不要小看这种液体，它可以导致被击中者在短时间内什么也看不见。悲剧的是，很多臭鼬在遇上朝它行驶过来的汽车的时候，也会一动不动地站在原地，淡定地望着小汽车，以为自己能够把汽车吓跑，最后因此丧命。臭鼬所放出来的强烈气味在800米内的范围里都可以闻得到，是世界上放出气味最臭的动物。

世界上眼睛最大的哺乳动物：眼镜猴

外形特征：眼镜猴是体型极小的一种灵长类动物，差不多只有手指那么长。它的头部较圆，两只耳朵没有毛而且非常薄，眼镜猴的眼睛特别大，直径达16mm。它的尾巴比它的整个身长还要长，眼睛猴的毛质非常柔软，背部是带有光泽的灰颜色的毛发，腹部的颜色逐渐转淡，呈现浅灰色。

主要分布：眼镜猴主要生活在菲律宾的一些岛屿上。

主要特点：眼镜猴喜欢白天的时候呼呼大睡，到了晚上再出来活动，它从不下到地面上活动，一般都是在树枝间跳跃，它可以在繁密的树枝间，跳跃3米远的距离，准确地落在自己选定的树枝上。它会爬树，还能从树干下滑，整个动作相当灵活，而且它还可以使头部整整转动一圈，这样它就能更有效地发现猎物或者避开敌人了。眼镜猴不像其他猴类一样喜欢群居，而是过着独来独往的生活，偶尔也成对栖息。眼镜猴的眼睛几乎占据整个头部上半部，是世界上眼睛最大的动物。

世界上最长的昆虫：竹节虫

外形特征：竹节虫身体的颜色一般呈绿色或者褐色，身体非常细长，如果藏匿在植物枝条上很难被发现，也有少数的竹节虫的身体较为宽扁，这种类型的竹节虫经常会藏匿在植物叶片上。它头顶上的触角看上去又细又长，复眼很小，而且很突出。

主要分布：竹节虫主要分布在热带和亚热带地区，我国主要分布在湖北、云南、贵州等省。

主要特点：竹节虫白天喜欢栖息在树叶或者竹子上，到了晚上才出来取食。它身体具有保护色，所以在它完全静止的状态下是很难被发现的。同时，它还能根据温度和光线等因素改变体色，让自己的身体完全融入到周围的环境当中，当它爬到植物上的时候，可以慢慢地调整自己的体型吻合周围的植物，而且它寻找食物根本不费力，它最爱吃的是叶子，被叶子包围着的它，常常可以一动也不动地吃饱了就休息。目前世界上发现的最长的昆虫，就是竹节虫，尤其是在印度的森林里，生活着一种巨型的竹节虫，身体长度达到了 33 厘米。

世界上长得最丑的动物：指狐猴

外形特征：指狐猴的外形跟蝙蝠看上去很相像，它的眼睛又大又圆，耳朵也超乎寻常地大，而且耳朵上是裸露无毛的。指狐猴身体的毛发较稀疏，一般都是黑色。它最特别的地方就是它的手指，又细又长，尤其是第三根手指比其他的手指长3倍之多。

主要分布：野生的指狐猴仅存在于马达加斯加岛。

主要特点：指狐猴的生活习性很特殊，它生活的巢穴是一个球形的小洞，非常方便它的进出。当指狐猴寻找食物的时候，会用它那根最长的手指不断敲打树枝，然后用它的大耳朵去听这个虫洞里发出的声音，如果发现里面有动静的话，就会用它那锋利的牙齿咬开树皮，再将手指伸进虫洞把虫钩出来。指狐猴的长相非常奇特，甚至有点恐怖，被评为世界上最丑的动物，也许因为样子长得恐怖，所以经常被认为是不祥之物，现在几乎濒临灭绝。

世界上最懒的鱼：印鱼

外形特征：印鱼身体细长，有两只背鳍，第一只背鳍长在头顶上，而这个背鳍已经进化成一个椭圆形的吸盘，在吸盘的中间有一条比较明显的线，这条线把吸盘分成了左右两个部分，它的每一边都有 24 对排列整齐的软骨板，而且在吸盘的周边还有一圈有弹性的薄膜。而第二个背鳍和尾鳍相连接。

主要分布：印鱼生活在热带和温带的海洋里，我国南海也有它的踪迹。

主要特点：印鱼头顶上的吸盘虽然是由背鳍进化而来的，但是却力大无穷，可以拉 10 千克左右的东西，它一般会贴在平直的地方，然后将吸盘上排列整齐的板状体竖立起来，因为这些板状体上都有细小的刺，平贴的时候能够有效地防止它滑下来，它常常吸附在较大型的鲨鱼、鲸鱼、海豚等身体的腹面，让它们把自己带到食物多的地方，然而它一旦发现鱼群，便会与它们分离，饱餐一顿之后，再找其他的稍大型的海洋动物吸附，印鱼这样做，既可以不费吹灰之力地到达有食物的地方，又可以避免敌人的袭击，它这有趣的行为，被称为世界上最懒的鱼。

世界上发声最大的昆虫：蝉

外形特征：蝉全身都是黑色，看上去非常有光泽，仔细观察会发现它的全身都密密麻麻地长着偏黄色的绒毛，头顶上长着一对短短的触角，在这对触角和复眼之间还长有一块黄褐色的斑纹，它还有三对足。

主要分布：蝉多分布于热带，栖于沙漠、草原和森林。

主要特点：蝉一般喜欢在又细又干的树枝上产卵，蝉妈妈会在这根树枝上刺出很多很多的孔，然后在孔里产卵，每个孔里有十几个卵，幼虫孵出后便回掉落到地面上，当幼虫找到一个合适的地方便开始挖掘地面，几分钟后，一个土中洞穴就挖好了，它钻下去后，就不会出来了，在土中，它主要是以吸食树根汁液为生，大概四年过后，幼虫已经开始成熟，它才会从洞穴中爬出来。然后慢慢地爬上树干，经过阳光的照射，大概 1 ～ 3 小时之内，成虫便会从蝉壳中爬出来。每当蝉口渴饥饿的时候，它便会把嘴巴插入树干，可以一整天吮吸汁液，并且，它还可以一边吮吸汁液，一边鸣叫，互不妨碍。

会鸣叫的蝉一定是雄蝉，而雌蝉是不会鸣叫的，雄蝉的发声器就在它的腹部，它的腹部就像是蒙上了一层鼓膜，当鼓膜震动便会发出声音，在已知的蝉中，非洲蝉是叫声最大的蝉，它的叫声平均可以达到 106 分贝，因此，世界上发声最大的昆虫是蝉。

世界上最大的蝴蝶：亚历山大女皇鸟翼凤蝶

外形特征：亚历山大女皇鸟翼凤蝶，其雌蝶的身体是乳白色，而翅膀是褐色的，并且中间还夹杂白色斑纹，在它胸部的周围长有短小的红色绒毛；雄蝶相对雌蝶要小一些，雄蝶的翅膀也是褐色的，斑纹的颜色主要是虹蓝和绿色，腹部的颜色是鲜黄色。

主要分布：亚历山大女皇鸟翼凤蝶只在巴布亚新几内亚北部的极小片区才有。

主要特点：亚历山大女皇鸟翼凤蝶的的命名，是为了纪念英王爱德华七世的妻子。一般成虫会在一种有毒的植物上产卵，当卵孵化成幼虫，它们自然就会在该植物上面觅食，不过它们人生的第一餐都是自己的卵壳，之后才开始吃嫩草，再长大一点就慢慢地开始吃蔓藤，在成虫即将破蛹而出之前，它们会去寻找一个湿度比较高的环境，这样便可以避免翅膀的干燥。亚历山大女皇鸟翼凤蝶生活在茂密的热带雨林中，在早上和黄昏的时候是它们最活跃的时候，会去花丛间寻找花蜜，并且雄蝶会在茂密的林中寻找雌蝶，找到合适的目标之后便会一直徘徊雌蝶左右，如果被雌蝶接受的话，雌蝶会允许雄蝶和它一起降落，如果被雌蝶拒绝的话，雌蝶就会直接飞走。亚历山大女皇鸟翼凤蝶雌蝶是世界上最大的蝴蝶，当它展开翅膀可以长达 31 厘米。

世界上对爱情最忠贞的鸟类：白天鹅

外形特征：白天鹅全身的羽毛都是白色的，鼻孔到嘴巴的颜色是黄色的，嘴巴的最前端有一点黑色，白天鹅的头颈很长，几乎占了整个身体长度的一半，天鹅的脚上是黑色的，并且脚趾间有蹼。

主要分布：白天鹅主要分布在北欧、亚洲北部，我国主要繁殖于北方湖泊的苇地。

主要特点：白天鹅生活在湖泊或者沼泽地带，它们通常会把自己的巢建在水边上比较隐蔽的地方，依水生活，方便觅食。它们主要是以水生植物为食，当白天肚子饿了的时候，便会一头扎进水下，不过只有头颈部没入水中，后面的部分仍然在水面上。白天鹅还有一个“飞高冠军”的称号，它可以飞过世界最高屋脊——珠穆朗玛峰，最高飞行高度可达9千米。

每只白天鹅都有自己固定的配偶，而且生活中不论是觅食或者休息都是成双成对，雄天鹅时时刻刻都会守护着雌天鹅，若是遇到敌害的时候，雄天鹅会高频率地拍打翅膀上前迎敌，勇敢地与对方搏斗。白天鹅实行的是一夫一妻制，如果一旦有一只死去，另一只宁愿单独生活一辈子也不会再找其他配偶，所以被称为世界上对爱情最忠贞的鸟类。

世界上筑巢最精致的鱼：刺鱼

外形特征：刺鱼体型很小，最大的也只有 15 厘米长，在它的背鳍和腹鳍部位都长有刺，全身没有鳞片，它的尾柄细细长长，在身体的侧部有硬甲片。

主要分布：刺鱼主要分布在北半球的寒带到温带。

主要特点：刺鱼有些生活在淡水中，而有些生活在海水中，甚至还有一些既可以生活在淡水中也可以生活在海水中。刺鱼属于杂食性鱼类，无论是浮游生物还是有机碎屑都喜欢吃。每年的 5 ～ 7 月都是刺鱼的繁殖季节，这个时候的刺鱼身体颜色也变得鲜艳起来，背部变成青色，腹部变成淡红色，眼睛也闪着蓝光，当雄性刺鱼筑完巢后，便会引导雌性刺鱼进入巢内产卵，雌性刺鱼产完卵之后会立即离开，而这个时候的雄鱼会守护在巢穴旁，驱逐接近巢穴的其他鱼类。刺鱼所筑的巢，是一个外观类似圆球的形状，顶部是开口的，从上往下看可以看见雌性刺鱼产在巢中的卵，整个巢的颜色呈透明色，刺鱼被称为是世界上筑巢最精致的鱼。

世界上最早有喙的鸟：孔子鸟

生活时期：孔子鸟生活在距今约 1.25 亿年到 1.1 亿年。

出土地区：孔子鸟分布在中国辽宁省北票市上园镇四合屯。

外形特征：孔子鸟的头部较大，眼睛也较大，比一般鸟类的身体要健壮，它的牙齿已经退化不见，是世界上最早有角质喙的鸟类，根据推断，应该有还未退化的前爪，但主要承力还得靠它的后爪，所以后爪更加粗大。

研究推断：由于大量的孔子鸟骨骼化石是在四合屯的湖底里面的沉积物中发现的，因此可以推断孔子鸟喜欢在湖边地带生活，而它们的死亡很有可能是由于自然灾害造成的集体死亡，并且孔子鸟和其他很多近现代鸟类一样，过的是群居生活，最起码会有一段时间是集中在一起的。根据出土地点的地质形成史推断，孔子鸟是目前已知的最早拥有无齿角质喙部的鸟类。

世界上最不怕冷的鱼：南极鳕鱼

外形特征： 南极鳕鱼的体型比较粗短，头部比较大，它的上颌比下颌要长一些，身体表面颜色为灰褐色，并且还带有些许黑褐色的斑点，腹部颜色为灰白色，身体表面有细小鳞片，而这种鳞片极易脱落。

主要分布： 南极鳕鱼生活在南大洋比较寒冷的海域。

主要特点： 南极鳕鱼的血液中含有抗冻蛋白，因此即使是在 −1℃的水中仍然可以活跃地游来游去，而一般的鱼在这种情况下，早被冻死了，而这种抗冻蛋白之所以具有抗冻的作用，是因为它通过自身结构上有一块极易与水或冰相互作用的表面区域，来降低水的冰点，从而阻止南极鳕鱼体液的冻结。南极鳕鱼常常为了逃避海豹等敌人的捕杀，而栖息在海藻的下面，以蜉蝣动物以及海藻为食。

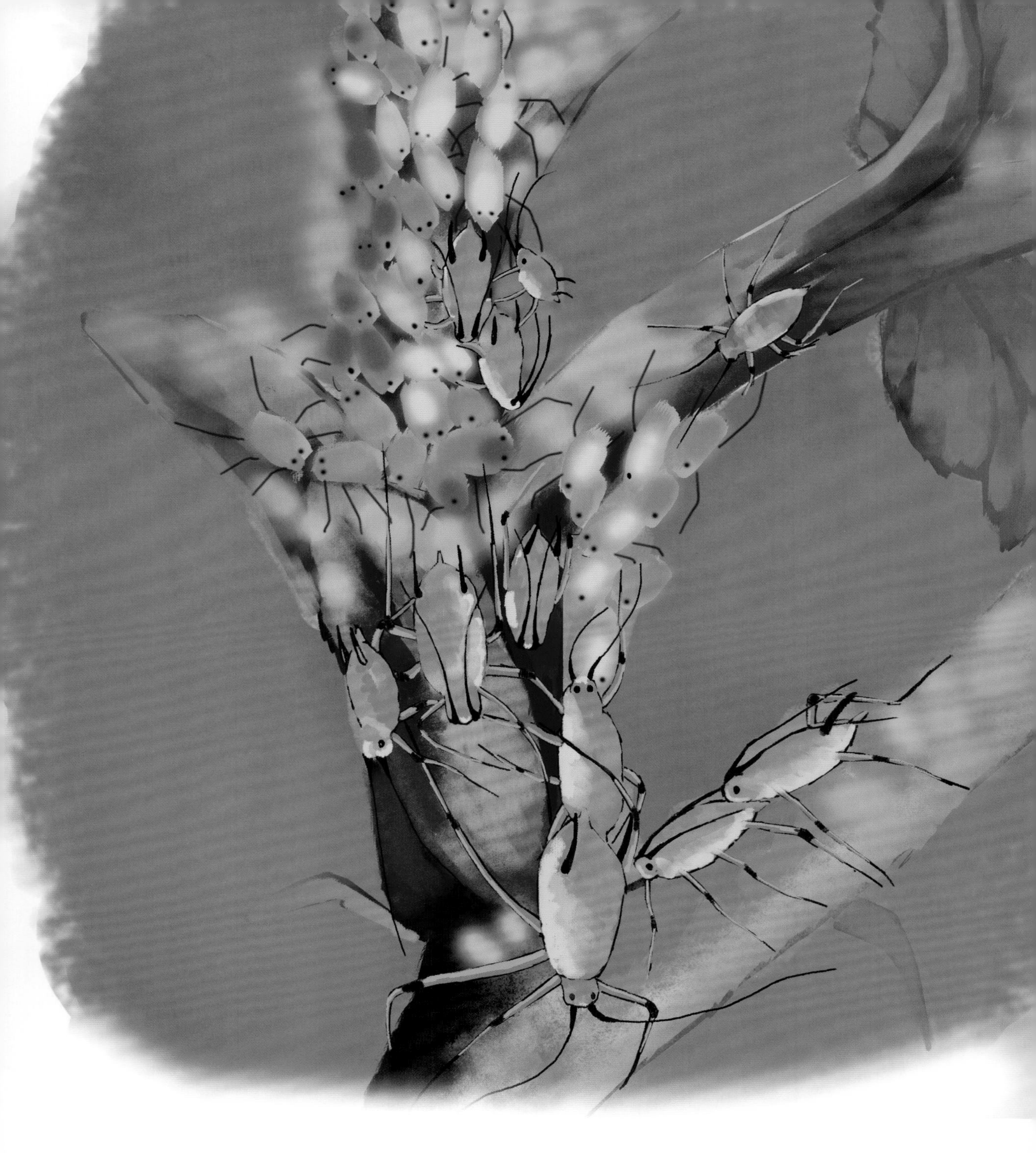

世界上繁殖速度最快的昆虫：蚜虫

外形特征：蚜虫的长度通常都在 2 毫米左右，它的身体表面布满了各种斑纹，有的是网纹状，有的是颗粒状。蚜虫一般有六只触角，只有少数蚜虫是 5 只触角。蚜虫的眼睛较大，身体尾端圆圆的。

主要分布：蚜虫主要分布在北半球温带地区和亚热带地区，热带地区分布很少。

生活习性：蚜虫一般都是一群一群地生活在一起，喜欢集结在叶片、嫩芽、花蕾、顶芽等部位，主要以吸食植物汁液为生，它的这种饮食习性会使枝叶萎缩、卷曲，严重的还会引起枝叶枯萎甚至整株死亡。雌蚜虫的繁殖能力与生俱来，根本不需要通过雄性蚜虫。在春秋天的时候，由于气温比较低，完成 1 个世代需要 10 天，而在夏季气温较温暖的时候，只需要 4 ~ 5 天，通常一年可以繁殖 10 ~ 30 个世代，是世界上繁殖速度最快的昆虫。

世界上形态最独特的鹿：麋鹿

外形特征：雌性麋鹿比雄性麋鹿的体型要大，并且雄性麋鹿的头上有角，而雌性没有，麋鹿的角是向后分叉，并且有多处分叉，麋鹿四肢粗大，主蹄宽大肥厚，特别适宜在沼泽地行走。麋鹿夏天的毛一般都是棕红色，颈部到背部有一条黑色的纵纹，到了冬天它的毛色就变成灰棕色。

主要分布：麋鹿原产于中国长江中下游沼泽地带，目前分布在北京、湖北、江苏的自然保护区。

主要特点：麋鹿主要栖息在长江流域一带，喜欢吃嫩草和其他水生植物，它的主蹄宽大肥厚，非常适合在泥泞的树林沼泽地活动，所以它经常会在树林和沼泽地一带寻找食物。麋鹿性情比较温和，同类之间不会有太激烈的打斗，即使是争夺配偶的时候，雄性麋鹿之间的角斗也不会持续太久，失败的麋鹿会灰心地掉头走开，而胜利者也不会继续追斗，所以麋鹿之间很少发生伤残现象。麋鹿的头部像马、头顶上的角像鹿、颈部像骆驼、尾巴像驴，长相十分奇特，被称为世界上最奇特的动物。

世界上最小的猴类：狨猴

外形特征：狨猴的体型十分娇小，仅仅只有人类的手掌那么大，非常可爱。圆圆的脑袋，体毛主要是黄褐色，并且夹杂着灰黑色的毛。

主要分布：狨猴大部分生活在南美洲亚马孙河流域的森林中。

主要特点：狨猴一般都是一群群地生活，一般都是 3 ～ 12 只为一个群体，它们白天喜欢呆在树冠上面生活，很少到地面上活动，而到了晚上，就会乖乖地睡在树洞里，狨猴性情机警，视觉敏锐，主要吃坚果和一些植物，偶尔也会吃昆虫青蛙等。在狨猴的大家族里，狨猴爸爸绝对称得上是一个好父亲，狨猴妈妈生下子女后，只有在喂奶的时候会去抱下小狨候，而照料孩子的生活就全部由雄狨猴爸爸来负责，狨猴爸爸甚至会帮小狨猴洗澡，等到小狨猴不再需要吃奶的时候，它还会喂小狨猴吃东西。刚刚出生的小狨猴只有蚕豆那么大，即使成年后的狨猴也只有 10 厘米左右，是世界上最小的猴类。

世界上奔跑速度最快的马：纯血马

外形特征：纯血马平均身高大约有160cm，它的骨骼比较细，四肢高长，颈部又长又直，并且斜向前方，纯血马的毛色一般栗色较多，也有黑色和青色的，并且它的头部和四肢下部一般有白颜色的花纹。

主要分布：纯血马的原产地为英国，称为英纯血马。

生活习性：纯血马可以说是世界上速度最快、身体结构最好的马匹，它性情勇敢，是赛马中的最佳马种，但不适合其他用途。纯血马和普通马一样属于草食性动物，每天都要吃大量的草来补充体力。纯血马创造并且保持着5000米以内各种距离速度的世界纪录，近百年来没有其他一个品种的马的速度可以超过它，它是世界公认的最优秀的赛马品种。纯血马的步法步幅大、快而有弹性，被称为是世界上奔跑速度最快的马，不过纯血马虽然速度很快，但持久力有限，不善于长距离赛跑。

世界上吃东西速度最快的动物：星鼻鼹鼠

外形特征：星鼻鼹鼠全身都是黑色，身上的毛发又厚又软，它的体型较小，还拥有一对特别会挖洞的大脚。它最特别的地方就是它的鼻子，像是鼻尖上趴了一只海葵。

主要分布：星鼻鼹鼠主要分布于美国北部及加拿大。

主要特点：星鼻鼹鼠生活在潮湿的低地地区，喜欢吃小型的无脊椎动物、水生昆虫、蚯蚓等。星鼻鼹鼠是一个游泳高手，可以潜伏在河流或者池塘的底部，当它们在水下捕食的时候，会不断地从鼻孔中吐出气泡然后又迅速地吸回去，频率大概为 10 次／秒。星鼻鼹鼠的嗅觉非常灵敏，并且在水下也不会被影响。它们的进食速度特别快，可以在不到 1/4 秒时间内，完成识别食物、攫取食物、吃掉食物，然后再开始寻找新的食物的过程，这使它成为世界上吃东西最快的动物。

世界上攻击速度最快的动物：大齿猛蚁

外形特征：大齿猛蚁工蚁的上颚又长又直，看起来像把镰刀，它的复眼位于头的前部，并且十分突出。大齿猛蚁雌蚁与工蚁外形特征相似，但个体较大，翅膀透明色并且带点淡褐色，大齿猛蚁的雄蚁形体是最大的。

主要分布：大齿猛蚁主要分布于热带和亚热带地区。

主要特点：大齿猛蚁是成群生活在一起的，一般都是几十只到几百只在一起生活，它们喜欢居住在阴凉潮湿的地方，常在山坡的阴面靠近水的地方发现它们。大齿猛蚁喜欢吃肉和甜食。不要看大齿猛蚁的个体小小的，当它们对你的手发起进攻的时候，那速度和力量足以让你的手感觉到疼痛，它的双颚的闭合速度，可是在世界排名第一的，而且当它们发起进攻后，敌人若还不离开的话，它们就要用毒刺进攻了，如果实在是打不过的话，它们会通过双颚接触地面然后反弹跳跃逃离，有时候可以反弹到 1 米远之外。大齿猛蚁可以在 0.13 毫米内合上嘴巴咬中猎物，比人类眨眼的速度快 2300 倍，堪称是世界上攻击速度最快的动物。

世界上最聪明的鸟：乌鸦

外形特征：乌鸦的羽毛大多数都是黑色，也有黑白两色的，在阳光照射下会呈现紫蓝色的光泽，嘴巴、腿和脚都是纯黑色。

主要分布：乌鸦分布几乎遍及全球，中国有 7 种。

主要特点：乌鸦吃东西不太挑剔，会吃它们找到的任何东西，在人类播种和收获的季节，它们主要吃种子和粮食，而到了冬天，就会吃各种昆虫。乌鸦是个很聪明的动物，当它发现了一具动物尸体的时候，为了可以独享，它会躺在这个动物尸体的旁边，并且一动不动地，这样的话，当其他的乌鸦从这里飞过的时候，会以为它是吃了猎物导致中毒身亡的，然后便会离开；当它没办法一次性携带太大的食物的时候，它会将食物分割成很多小块带走；它们在海边吮吸贻贝的时候，由于贻贝的壳实在太坚硬，没办法吃到里面的东西，它会叼起贻贝飞到半空中，然后张开嘴巴，让贻贝掉落到地上，这样壳就摔碎了，乌鸦就可以尽情地享受美味了，所以乌鸦被认为是世界上最聪明的鸟。

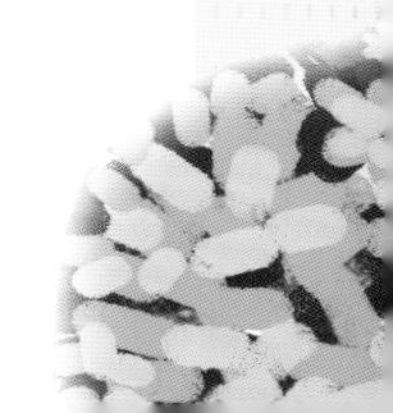

世界上最小的熊：马来熊

外形特征：马来熊胖胖的，全身都是黑色，它的脑袋圆圆的，而且眼睛和耳朵都是又圆又小的样子，脖子又粗又短，它的鼻子与唇部周围都是棕黄色，胸部有一个半圆形的棕色斑纹，马来熊的舌头很长，吃起昆虫和蚂蚁来相当方便。

主要分布：马来熊主要分布在东南亚和南亚一带，在我国的云南绿春以及西藏芒康也有少量分布。

主要特点：马来熊一般常居住在茂密的热带雨林中，它们白天喜欢晒晒太阳或者是在自己窝里睡觉，晚上才会出来活动。马来熊喜欢吃蜜蜂、蜂蜜、白蚁和蚯蚓，偶尔也会捕食一些鸟类或者蜥蜴。马来熊长长的舌头很适合从蜂窝中取食蜂蜜，再加上它的皮毛粗糙，根本不怕蜜蜂蜇伤它。马来熊有时候还会挖掘白蚁吃，它会先将自己的手掌舔一遍，然后将两只手交替着伸进蚁穴，再舔食粘在手掌上的白蚁。马来熊一般体长不超过 1 米，体重大概为 50 千克，是世界上最小的熊。

世界上最小的蛇：盲蛇

外形特征： 盲蛇的体长不超过 20 厘米，它的体表非常光滑，从头到尾的粗细没有明显差异，全身一般都是黑褐色或者褐色。它的牙齿非常细小，一般只长在它的上颚。盲蛇的眼睛非常小，而且退化成了一个黑点的样子。

主要分布： 盲蛇主要分布在中美洲、南美洲、西印度群岛、欧洲南部、非洲、亚洲南部和澳大利亚等暖温带及热带地区。

主要特点： 盲蛇喜欢生活在腐木、石头下、落叶堆、垃圾堆和岩缝间等阴暗潮湿的地方，只有在晚上或者是下过雨之后才会到地面上活动。盲蛇的行动敏捷快速，通常是以白蚁或者其他小型无脊椎动物为食。盲蛇没有毒性。因为长期在阴暗的地方生活导致眼睛退化而得名。盲蛇身体长度一般为 10 ～ 20 厘米，和蚯蚓差不多大小，是世界上最小的蛇类。

世界上最大的牛：印度野牛

外形特征：印度野牛的头部和耳朵都很大，眼睛里的瞳孔是褐色的，鼻子和嘴唇都是灰白色，它全身的毛大多是棕褐色或者黑色。印度野牛的四肢粗短，膝盖以下的毛都是白色，它的尾巴很长，在尾巴的末端有一束长毛。它的头上长有一对角，不过公牛比母牛的角要大，并且两只角的弯度相当大，角的颜色主要是淡绿色，只有角尖是黑色。

主要分布：印度野牛分布于亚洲南部和东南亚，在中国仅分布于云南南部。

主要特点：印度野牛喜欢群居生活，一般每群是 10 ～ 30 头，其中以一只体型较大的母牛作为首领。它们通常没有固定的住所，喜欢在晨昏时间活动，活动的范围也比较广，走到哪里住到哪里，主要是以吃草、树叶和树皮为主。印度野牛性情凶猛，听觉和嗅觉十分灵敏，在自然界中，能够对印度野牛构成威胁的天敌，恐怕只有凶猛的孟加拉虎和印支虎了，不过即便是这样，它们也不敢去招惹成年的印度野牛，而在被老虎杀死的印度野牛中，大部分都是幼崽或者是老年野牛。一般印度野牛也不会轻易招惹人类，当发现有人接近它的时候，会迅速逃走，当被人射杀的时候才会变得凶狠起来，并且对人进行攻击。印度野牛公牛身体长度为 250 ～ 340 厘米，体重可达 1000 千克，是世界上最大的牛。

世界上最凶猛的海洋动物：虎鲸

外形特征：虎鲸的嘴巴细长，牙齿十分锋利，它的上下颚的牙齿加起来有差不多有 50 颗，而每颗牙齿长度大概有 8 厘米。虎鲸身体的颜色十分分明，它的背部是黑色，腹部为灰白色，只是在鳍的后面有一块灰白色斑，在两眼的后面还各有一块白斑。虎鲸的背鳍位于背部中央，没有成年的虎鲸和雌性虎鲸的背鳍看起来像把弯弯的镰刀，而成年雄性虎鲸的背鳍是直立的。

主要分布：虎鲸广泛分布于全世界的海域。

主要特点：虎鲸喜欢群居生活，小到 2 ～ 3 只为一群，大到 40 ～ 50 只为一群，它们互相关爱，相处融洽，如果群体之中有成员受伤，其他成员都会前来帮忙，用它们的身体或者头部顶着或者托着受伤虎鲸，使它能够继续漂浮在海面上。虎鲸每天都有 2 ～ 3 小时静静地呆在海面表层。虎鲸的食物多种多样，小型鱼类、须鲸和抹香鲸都会成为它捕食的对象。虎鲸拥有十分锐利的牙齿以及快速准确地追捕猎物的本领，被称为“海中霸王”，是世界上最凶猛的海洋动物。

陆地上最大的动物：非洲象

外形特征：非洲象平均身高达到 3.8 米，一般体重为 8 吨。它们的耳朵非常大，上下长度可达 1.5 米，它们的四肢粗大，前面的一对足有五蹄，而后面的一对足只有三蹄。非洲象都长有一对獠牙，但是公象比母象的要大很多。

主要分布：非洲象分布于非洲东部、中部、西部、西南部和东南部等广大地区。

主要特点：非洲象喜欢群居生活，每群都是由一只成年母象领导，它们主要栖息在热带草原和稀树草原地区，通常会在一天之中最炎热的时间休息，而到了清晨或者黄昏的时候才会出来寻找食物。非洲象主要是吃香蕉、树叶、树皮和果子。当一个群体需要进行大规模迁徙的时候，非洲象幼崽必须紧紧跟上队伍，否则很容易遭到敌人的杀害，因为幼崽还不能抵抗敌人的袭击，不过通常成年母象也会寸步不离地保护幼崽。一般很少有人能找到野生非洲象死亡后的残骸，因为当一只非洲象死后，家族的成员们会感到非常悲哀，它们会环绕着同类的尸体静默一段时间之后，便把尸体分解，然后取走，并将象牙和每块骨头放在密林中不同的地方分散藏好。非洲象体躯庞大而笨重，是当今陆地上最大的哺乳动物。

世界上最毒的蛇：贝尔彻海蛇

外形特征： 贝尔彻海蛇身体长度可达到 3 米，它的身体表面被鳞片包裹，它的头部是椭圆形，鼻孔朝上。

主要分布： 贝尔彻海蛇生活在澳大利亚西北部阿什莫尔群岛的暗礁周围。

主要特点： 贝尔彻海蛇一般喜欢在浅水中休息，它没有腮，所以是靠肺部呼吸，是以小型鱼类为食。贝尔彻海蛇虽然毒性超强，但是它的性情却比较温和，一般碰到人类会立即躲开，不会发起主动攻击，除非感受到强烈的敌意才会反击。被贝尔彻海蛇咬过后，通常不会有剧烈的痛感，有时候既不痛也不会有水肿现象，刚开始各种症状都不明显，但是会随着时间逐渐加重。贝尔彻海蛇所释放出来的毒液可以毒死 25 万只老鼠，它的毒性是眼睛王蛇的 200 倍，贝尔彻海蛇是世界上最毒的蛇。

世界上产卵最多的动物：翻车鱼

外形特征：翻车鱼身体的两侧扁平，整体看上去是扁扁的椭圆形状，它头部较小，身体不长，身体的两侧是灰褐色，它的腹部看起来是银灰色。它的背鳍和臀鳍十分发达，而它的尾鳍部分已经退化成没有尾的状态。

主要分布：翻车鱼遍布世界温带和热带海域，常见于外海表层。

主要特点：翻车鱼的游泳速度较缓慢，当天气较好的时候，翻车鱼会将背鳍露出水面然后随水漂流，漂浮在海面上晒晒太阳来提高身体的温度，当天气不好的时候，它会平浮在水面，用背鳍和臀鳍划水并且控制漂流方向。翻车鱼以水母、浮游动物为食，也吃小型鱼类、甲壳动物、海蛰、胶质浮游生物和海藻。翻车鱼每次产卵可以达到 3 亿个，但是遗憾的是，由于数量太多，它根本照顾不过来，很大一部分鱼卵都被其他凶猛的鱼类吃掉，即使有孵化出来的幼鱼，也因为十分脆弱，经不起惊涛骇浪而丧生，最后能够存活的也就 30 条左右，不过翻车鱼仍然是世界上产卵最多的动物。

世界上放电能力最强的鱼：电鳗

外形特征：电鳗看上去又粗又圆，它的身体表面没有鳞片，看上去十分光滑，背部黑色，腹部橙黄色，它的臀鳍特别的长，但是背鳍和尾鳍都已经退化了。

主要分布：电鳗主要生长在热带及温带地区水域，除了欧洲电鳗及美洲电鳗分布在大西洋外，其余均分布在印度洋及太平洋区域。

主要特点：电鳗通常是在夜晚捕食，主要是吃小鱼、虾、蟹和水生昆虫，也吃动物已经腐败的尸体。电鳗是靠身体两侧的肌肉放电，它之所以能够在海洋中生存，就是靠这独特的放电能力，它可以释放出来的能量，能够轻而易举地把比它小的动物瞬间击死，有时候正在水中活动的牛马等动物也会被电鳗击中昏倒。不过当电鳗离开水被置放在空气中的时候，它如果放电的话，因为空气的电阻比它身体的电阻更大，就会把自己电死。电鳗的放电并不是可以随意发作的，当电能消耗完之后，就会暂时丧失发电的功能，等过一段时间，休息好了之后，才可以恢复放电能力。电鳗可以产生 900 伏的电压，足以将一个人致命，它是鱼类中放电能力最强的淡水鱼类。

世界上视力最敏锐的鸟：猫头鹰

外形特征：猫头鹰的头比较大而且还很宽，嘴巴又短又小，嘴巴前端呈钩状。它身上的羽毛非常柔软，颜色大多数都是褐色。猫头鹰的脖子非常灵活，能够将头直接转到身后。

主要分布：猫头鹰除南极洲以外所有的大洲都有分布。

主要特点：猫头鹰的食物主要以鼠类为主，偶尔也会吃一些小昆虫。它一般都是夜晚出来活动，白天会找一个隐蔽的地方休息。猫头鹰的听力非常灵敏，这对它捕杀猎物起到了关键作用，它能根据猎物移动时产生的响动，不断调整捕杀方向，最后出击，所以一击即中。猫头鹰的视力也是相当的好，但有趣的是它不能转动眼珠，在漆黑的夜晚，它仍然可以看得一清二楚，能见度比人类高出一百倍以上，是世界上视力最敏锐的鸟。

世界上最危险的鸟：食火鸡

外形特征： 食火鸡的头顶上有一个侧扁的像个扇子形状的冠，它的头到脖子的颜色一般都是蓝色，脖子前面有两个鲜红色的大肉垂，食火鸡身体的羽毛都是亮黑色，身体比较高大，但是翅膀比较小。另外，雌鸟的体型比雄鸟更大，而且大肉垂也更大。

主要分布： 食火鸡主要分布于大洋洲东部、新几内亚和附近岛屿。

主要特点： 食火鸡的脾气比较暴躁，它的鸣声非常粗犷，一般是在热带雨林中生活。它的爪子有 12 厘米长，而且非常锋利，再加上它的腿部强而有力，可以瞬间撕裂动物或者人类的皮肤，足以将人类的内脏勾出，对付牛马羊更是一击就可以致命。食火鸡有固定的休息地点和活动场所，一般是独来独往或者成双成对，它主要吃浆果，有时也吃昆虫、小鱼、鸟及鼠类。

它们最有趣的地方就是对一切发光的东西都非常感兴趣，当它们看到还带有微光的炭火灰烬的时候，一定会上去啄一下。其实食火鸡属于比较害羞的动物，一般会避开人群，只有受到骚扰时才会发起攻击，然而食火鸡仍被冠以“世界上最危险的鸟”。

世界上最长的蛇：网纹蟒

外形特征：网纹蟒身体背部一般都是灰褐色或者黄褐色，并且布满了较暗的三角形斑点，腹部是淡黄色或者白色，头部有三条黑色细纹，有一条在头部正中央，另外两条从两眼延伸到嘴角。

主要分布：网纹蟒主要分布在东南亚地区及亚马孙河流域。

主要特点：网纹蟒喜欢白天缠绕在树上休息，到了晚上才出来活动，它寻找的猎物主要是蜥蜴、鸟类以及哺乳动物。有趣的是，在它觅食的时候，只要动物是静止不动它便看不到，只有在动物活动的时候才能看到大体的轮廓，因此，它大多数都是静止在一个地方等待路过的小动物。它捕杀猎物的时候，一般会先绞死猎物，最后再吞下去，它捕食一次，就可以好几天不用进食。虽然它的眼睛不太好，但是它的嘴巴周围对红外线的感应非常灵敏，能在4～5米的地方感受到温度的变化，所以只要有活物经过，它便能提早感应到，而且万无一失。最长的网纹蟒的长度达到了14米，号称是世界上最长、绞杀力最强的蛇。

世界上最大的食肉鱼：大白鲨

外形特征：大白鲨皮肤表面的颜色一般都是灰色或者淡蓝色，腹部呈现淡白色，背部和腹部的颜色界限十分分明。大白鲨身体庞大，尾巴弯弯的。大白鲨的牙齿跟其他海洋动物不一样，它一般都有 5 ～ 6 排的牙齿，而且牙齿都是三角形，鲨鱼在它的成长过程中，会不断更换牙齿，由大的牙齿取代小的牙齿。

主要分布：大白鲨分布于各大洋热带及温带区。

主要特点：在海洋世界里，让一些小鱼、海龟、海狮以及大型的海象、海豹闻风丧胆的恐怕就是大白鲨了，大白鲨不光牙齿具有较大杀伤力，就连它的皮肤，也最好不要轻易碰触，它的皮肤上没有鱼鳞，但是长满了倒刺，非常粗糙，小动物即使被它撞一下也会伤痕累累。大白鲨捕杀猎物的方式通常都是突然袭击，它们会首先埋伏在水底，只要发现猎物，便会立即从下至上向猎物攻击，这一击足以让猎物受到重伤，这时大白鲨便会停止任何攻击，等到猎物自己死亡后，再慢慢地享用猎物。它们有阶级之分，当大白鲨在享用猎物尸体的时候，会让较年长的大白鲨首先享用。大白鲨会将它们感兴趣的东西都吞下，甚至破碎的玻璃瓶也无妨，因为它们的胃里面有一层保护壁，以至于它们吞进去的东西都不会割伤它们。体重最大的大白鲨能达到 2.6 吨，是世界上最大的食肉鱼。

世界上生命力最强的动物：骆驼

外形特征：骆驼的头小小的，脖子却是又粗又长，而且它的脖子看起来是弯弯的样子，体型很高大，体毛是褐色的。最明显的特征就是它的背部有 1 ～ 2 个大驼峰。骆驼还有一根不引人发现的尾巴，因为它的尾巴长得细细的。

主要分布：骆驼分为单峰驼和双峰驼，单峰驼主要生活在非洲和亚洲、印度等热带地域，双峰驼主要生活在中亚、中国西北和蒙古地区。

主要特点：生活在沙漠中的骆驼，睫毛特别长，这样在风沙来袭的时候可以保护自己的眼睛。骆驼的嗅觉十分灵敏，可以闻到 2000 米以外的水的气味，所以当行走在沙漠中的人类缺水的时候，他们会放开骆驼，骆驼便会朝有水的方向行走。骆驼平时的性情比较温和，但若是惹怒了它，它一定会朝你喷吐它胃里的东西。骆驼有着“沙漠之舟”的美称，它主要是吃生长在沙漠中的植物。骆驼的驼峰功能很强大，它之所以能够四五天不进食就是靠驼峰里的脂肪维持，这些脂肪能够在骆驼不吃东西的时候，分解成骆驼身体所需要的养分，供骆驼生存，再加上骆驼的胃里还有存水的地方，所以骆驼即使不吃东西不喝水也能长时间行走，是世界上生命力最强的动物。

支持单位：

湖南东洞庭湖国家级自然保护区管理局